평양의 사계절

겨울 · 봄

평양의 사계절

겨울 · 봄

초판 1쇄 인쇄일 2017년 10월 20일
초판 1쇄 발행일 2017년 10월 24일

지은이 김민종
펴낸이 양옥매
디자인 고유진
교 정 조준경

펴낸곳 도서출판 책과나무
출판등록 제2012-000376
주소 서울특별시 마포구 방울내로 79 이노빌딩 302호
대표전화 02.372.1537 **팩스** 02.372.1538
이메일 booknamu2007@naver.com
홈페이지 www.booknamu.com
ISBN 979-11-5776-483-9(03980)

이 도서의 국립중앙도서관 출판시도서목록(CIP)은 서지정보유통지원 시스템
홈페이지(http://seoji.nl.go.kr)와 국가자료공동목록시스템
(http://www.nl.go.kr/kolisnet)에서 이용하실 수 있습니다.
(CIP제어번호 : CIP2017026686)

평양의 사계절

겨울 · 봄

글 · 사진 김민종

책과나무

2016년 초에 '평양의 사계절 여름·가을'편을 출간하고 이제 그 다음편인 겨울·봄편의 출간으로 평양의 사계절에 대한 마침표를 찍으려고 한다. '평양의 사계절 여름·가을'편은 총 50여 목차에 600여장이 넘는 사진을 넣었고 '평양의 사계절 겨울·봄'편은 총 40여 목차에 1,000여장의 사진을 수록하였다. 최소 계절마다 한번 씩 방북을 했고 미흡한 부분의 보완촬영을 위해서 추가로 방북을 하여 사진을 담았다. 사진들은 2015년에서 2017년 사이에 담은 것들이다.

북한에서는 평양시를 별칭으로 '혁명의 수도'라고 부른다. 북한의 정치·경제·사회·문화의 중심지로서 평양의 의미는 아무리 강조해도 지나치지 않다. 최근 몇 년간 평양의 모습은 매우 눈에 띄게 변화하고 있다. 크게는 평양을 훑고 지나가는 스카이라인이, 작게는 주민들의 생활 모습이 변화하면서 양적·질적 성장을 동반하고 있다.

역대 최고수준의 대북제재 국면에도 불구하고 한국은행은 '2016년 북한 경제성장률 추정 결과'에서 2016년 북한 실질 국내총생산(GDP)이 2015년보다 3.9% 증가했다고 밝혔다. 이는 17년 만에 최대 성장폭을 기록한 것으로 최고수준의 제재에서 최대수준의 경제성장이라는 굉장히 아이러니한 결과를 보여주고 있다.

실제로 저자는 사진첩 덕분에 비교적 짧은 시간에 많은 것들을 보고 경험할 수 있었다. 촬영을 위해서 다녔던 상점이나 백화점에서 불과 몇 개월 전에는 없었던 상품들이 주민들의 기호에 맞춰서 빠르게 변화하고 들어서는 모습을 보았다. 그리고 이러한 모습은 인민대중의 소비품을 질 높게 다양화하라는 북한의 최고지도자의 의중이 담겨있으며 그에 맞춘 북한기업들의 경쟁적 산물이기도 하다.

 '평양의 사계절 여름 · 가을'편에 상세히 설명했듯이 해외동포 자격으로 방북을 했기 때문에 제한적인 부분이 없지는 않았지만 최근에 변화하고 있는 평양의 모습을 담기위해 많은 노력을 했다. 부족한 부분이 많은 책이지만 흥미로운 시간이 될 것이라고 생각한다.

 '평양의 사계절'이라는 북한 노래의 가사를 끝으로 소감을 줄이고자 한다.

평양의 사계절

정일봉 꽃향기 풍기여 오고 만경봉 진달래 활짝 피여난 봄 봄 내 사랑하는 평양의 봄은 언제나 좋아 행복한 어린이들 사랑의 선물안고 기뻐 웃으며 온 세상 사람들이 노래하며 춤추는 평양의 봄은 언제나 좋아

모란봉 청류벽 바라다보니 절승의 경개가 여기로구나 여름 여름 내 사랑하는 평양의 여름은 언제나 좋아 대동강 맑은 물에 푸르른 록음이 비끼여있고 주체탑 바라보며 뱃놀이도 즐거운 평양의 여름은 언제나 좋아

단풍이 곱게 든 을밀대 보고 달밝은 최승대 찾아서 가는 가을 가을 내 사랑하는 평양의 가을은 언제나 좋아 대성산렬사릉에 붉은 꽃 한다발 정히 드리고 관성차레루따라 옷자락도 날리는 평양의 가을은 언제나 좋아

함박눈 내리는 대동강가에 평양종소리도 울리여 가는 겨울 겨울 내 사랑하는 평양의 겨울은 언제나 좋아 만수대 언덕으로 축원의 꽃바구니 물결쳐가고 보통강얼음우에 팽이치기 신나는 평양의 겨울은 언제나 좋아

2017년 9월
뉴질랜드, 오클랜드에서

Contents

2 ─ 평양의 봄

1
_
평양의
겨울

만경대학생소년궁전

    평양시 광복거리에 위치한 만경대학생소년궁전은 1989년 5월 2일에 준공되었다. 청소년들을 위한 과외 교육 기관으로 그 중에서도 만경대 학생 소년 궁전이 대표적이다. 궁전에는 200여개의 과학, 컴퓨터, 물리, 수예, 가야금, 손풍금, 성악, 민족악기 등의 소조실이 있고 그 외에도 도서관, 극장, 수영관, 체육관 등이 있으며 야외에는 자동차운전실습장, 롤러스케이트장, 기상관측장 등이 갖추어져 있다. 2015년에 리모델링을 거쳐서 최근의 모습을 갖추게 되었다.

    궁전 본관의 모습은 아치형으로 굉장히 웅장한 모습을 자랑하고 있다. 로비에 들어가면 다채로운 조명이 눈에 뜨인다. 음악이든 미술이든 무용이든 학생들의 실력이 정말로 뛰어나다. 음악에 조예가 없는 나 역시도 학생들의 연주를 감상하며 그 훈련된 손놀림과 표정, 눈빛을 보면서 감동하지 않을 수 없었다. 같이 참석을 했던 외국인들도 굉장히 진지한 자세로 감상하고 있었다. 추운 겨울날씨였지만 학생들은 자신들의 소조활동에 최선을 다하고 있었다.

만경대학생소년궁전 전경

종합안내도

김일성 주석의 축사 문구

로비 전경

만경대학생소년궁전 로비의
다채로운 조명

공연관람좌석

중앙 로비 천장

가야금 교실

무용 교실

수영장

컴퓨터 교실

발레 교실

미술활동 교실

전통자수 교실_상당한 실력이 엿보인다

전통자수 교실_기초를 연습하는 학생

전통자수 교실_지도받는 학생

서예 교실

서예 교실_지도받는 학생

아코디언 교실

실내 체육관

소조 운영 성과 기록 액자

만경대학생소년궁전 야외 전경

과학기술전당

    2015년 10월에 준공된 평양 대동강 쑥섬에 자리잡은 과학기술전당
은 10만㎡ 면적의 원자구조 모양 건물로 종합 전자도서관, 최신 과학
기술의 보급 거점, 대규모 정보통신센터의 역할을 하고 있다. 북한은
과학기술전당 준공 당시 관영매체에서 "과학기술로 강성국가의 기초
를 굳건히 다지고 과학기술의 기관차로 부강조국건설을 다그쳐나가
려는 우리 당의 결심과 의지를 온 세상에 과시하며 웅장하게 솟아오
른 과학기술전당은 당의 전민과학기술인재화방침이 완벽하게 반영되
고 날로 발전하는 주체적건축예술의 극치, 상징으로 되는 기념비적창
조물이다."라고 홍보하였다. 하루방문객이 2000명~3000명 수준이
며 방문객중에는 초등학교, 중학교 학생들이 많다고 한다.
    과학기술전당은 기초과학기술관, 과학탐구관, 첨단과학기술관, 응
용과학기술관, 어린이꿈관 등을 비롯한 10개의 실내과학기술전시장
들과 미래의 에너지구역, 과학유희구역 등으로 이루어진 야외과학기
술전시장으로 구성되어있다. 또한 이러한 기술관이나 구역들은 다시
한번 세분화되어 그에 맞는 다양한 서비스를 제공하고 있다.

과학기술전당 본관

과학기술전당 외관 전경

과학기술전당에서 바라본 광장

과학기술전당 안내 키오스크

숲속 모형

공룡 화석 모형

모형 비행장

비행 체험관

비행 체험관_아이들의 관심이
많은 공간이었다.

도서관

도서관 중앙_모형 로켓(은하3)

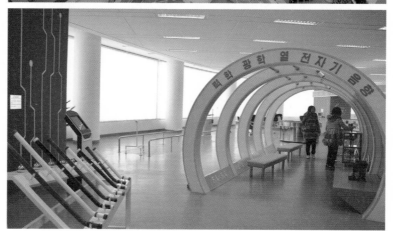

역학 광학 열 전자기 음향
체험 학습 시설

여러가지 기구들을 다루어 보는 체험 학습

시뮬레이션 게임을 즐기는 어린이들

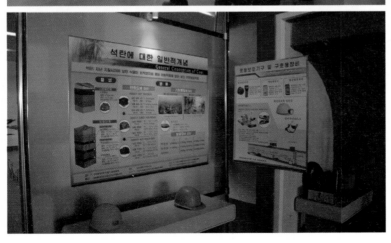

석탄 공업 체험장_안내 설명

석탁 공업 체험장

과학기술전당 내 전자 기기 상점

놀이를 통해 배우는 과학원리

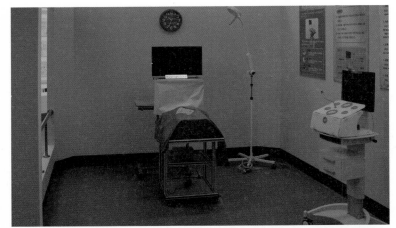

모의 수술 구역

응용 과학 기술3관 입구 전경

의학 학습장

인체 학습장

일체형 TVDVD 녹화기

전자기기 상점

중앙 로비

컴퓨터 게임을 즐기는 소년들

태양계

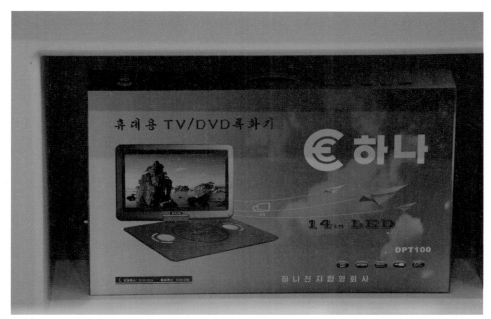

휴대용 TVDVD 녹화기

과학기술전당의 야경

금컵체육인종합식료공장

평양의 청춘거리에 위치한 금컵체육인종합식료공장은 지속적인 확장 및 리모델링 공사를 통하여 현재 북한 식료공장의 본보기, 현대화의 표준이 될 수 있도록 변화하고 있다. 여기서 금컵이라는 것은 체육경기에서 우승을 했을 때 수여받는 우승컵, 즉 골드트로피를 말한다. 모든 생산공정들이 고도로 집약화되고 자동화, 무인화, 무균화가 높은 수준에서 실현된 공장이라고 한다. 공장에서는 누룽지, 꽈배기, 강정, 과일단물, 막걸리, 쵸콜렛, 단설기 등 20종에 100여가지의 식료품을 생산하고 있다. 최근에는 아이스크림 및 에너지음료도 생산하고 있다. 또한 기능공들의 해외연수도 진행하면서 그 성과를 바탕으로 하여 새로운 제품들도 출시하고 있다.

공장에 들어서면 먼저 생산된 제품들의 견본품들을 진열해놓은 전시장을 볼 수 있고 그 뒤로 생산공정들이 들어서 있다. 특히 이 공장은 임직원들의 복지를 위해서 물놀이장, 이발실, 미용실 등을 아주 훌륭하게 갖추어 놓았다.

공장 입구

공장 외벽 선전 문구

경애하는 김정은동지께서 2015년 1월 17일 이곳에 오시여 모든 생산공정을 자동화, 무인화하고 생산현장들을 무균화, 무진화하여 공장을 우리 나라 식료공장의 본보기공장, 표준공장으로 전변시킬데 대하여 가르치시였다.

김정은 위원장 현지 지도 기념비

공장 전경도

경애하는 김정은원수님의 2015년 1월 17일 현지지도 이후 새로 개발한 제품 19종에 100여가지

빵작업반	무당빵 외 … 35가지		컵작업반	바음컵 외 … 6가지
사량작업반	과일젖사량 외 … 7가지		고기가공작업반	강냉이쫑바싸 외 … 6가지
음료작업반	과일단물 외 … 2가지		시제품작업반	백합과자 외 … 12가지
떡작업반	강정, 누룽지 외 … 8가지		과자작업반	김맛과자 외 … 6가지
소주작업반	꽐소주 … 1가지		가공작업반	려행용밥추, 장아찌 외 … 10가지
장식빵작업반	락화생빵이빵 외 … 1가지			

공장에서 생산하는 제품의 가지수 29종에 460여가지

작업반	가지수	작업반	가지수	작업반	가지수	작업반	가지수
음료작업반	33가지	고기가공작업반	26가지	빵작업반	151가지	사량작업반	53가지
컵작업반	7가지	시제품작업반	40가지	떡작업반	44가지	과자작업반	48가지
소주작업반	6가지	장식빵작업반	24가지	가공작업반	24가지	체육음료	24가지

작업반	설비대수	일생산능력	제품가지수	작업반	설비대수	일생산능력	표준가지수
빵작업반	35종 63대	6t	151가지	장식빵작업반	4종	0.2t	24가지
사량작업반	23종 46대	4t	53가지	컵작업반	21종 34대	0.55t	7가지
음료작업반	42종 55대	1만L	33가지	시제품작업반	35종 39	1.7t	40가지
떡작업반	23종 24대	2t	44가지	고기가공작업반	13종 14대	0.4t	26가지
소주작업반	6종 15대	2천L	6가지	과자작업반	18종 38대	10t	48가지
				체육음료	3종 3대	420L	24가지

공장 생산품 소개도

공장 내부 전경

공장 직원용 휴게시설

공장 직원용 수영장

공정 관리 시스템 전광판

튀김 과자 생산실

강정 과자가 완성되는 모습

새우맛 사탕

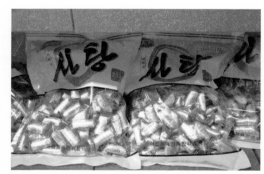

오묘한 맛의 맛있는 사탕

음료 공정실

출고를 기다리는 식료품들

포장 전 완성된 아이스크림

제품 전시관 1

제품 전시관 2

제품 전시관 3

제품 전시관 4

제품 전시관 5

제품 전시관 6

제품 전시관 7

해맞이상점, 해맞이커피점

　해맞이식당은 2012년에 준공된 창전거리에 있는 2층규모의 종합상점으로 식당과 상점, 커피점, 빵집이 있다. 특히 고급스러운 브라운계열의 인테리어가 특색 있게 꾸며져 있어 손님들에게 인기가 많다.

　평양도심에서 가깝기 때문에 중간에 휴식할 때에는 꼭 한번씩은 찾게 되는 커피점이다. 평양의 청춘들뿐만 아니라 외국손님들로 항상 북적이는 곳인데 다양한 메뉴를 다 먹어보진 못했지만 적어도 커피 맛과 빙수 맛은 일품이다.

해맞이 커피점 로고

해맞이 커피점 바 전경

해맞이 커피점_커피를 만드는 점원

해맞이 커피점 내부 모습 1

해맞이 커피점 내부 모습 2

해맞이 커피점_
진열되어 있는 여러 종류의
양주가 인상적이다.

주류 코너 1

주류 코너 2

과일류 코너

가공 식품 코너 1

가공 식품 코너 2

시리얼 코너

냉동 식품 코너 1

냉동 식품 코너 2

유제품 코너

야채류 코너 1

야채류 코너 2

안내를 돕는 상점 직원

대동강 맥주

평양 찰고추장

맛있는 커피

인민야외빙상장

2012년 11월 개장한 인민야외빙상장은 종합문화센터인 류경원과 함께 나란히 서 있다. 연건축면적이 6,469제곱미터인 인민야외빙상장은 사계절 내내 스케이트를 탈 수 있는 1,800제곱미터의 빙상홀과 스케이트 대여소 및 휴게실, 의료실 등이 들어서 있다. 빙상홀 옆칸에는 실내 탁구장도 있다. 여름철을 맞게되면 문수물놀이장, 김일성종합대학 수영관과 더불어 항상 초만원을 이루는 곳이라고 한다. 빙상장은 빙판이 유지가 잘 되도록 첨단설비들을 갖추고 있다.

빙상장 외관 1

빙상장 외관 2

빙상장_스케이트를 배우는 어린이

빙상장 내부 1

빙상장 내부 2

빙상장_즐거운 한 때 1

빙상장_즐거운 한 때 2

빙상장_스케이트를 즐기는 가족

빙상장_스케이트를 즐기는 사람들

빙상장 내에서 탁구를 치는 사람들

광복지구상업중심

　1991년 10월에 건설된 광복백화점이 2011년 12월에 새롭게 개장하면서 광복상업중심지구라는 이름을 갖게 되었다. 연건평 1만 2천7백여㎡인 광복지구상업중심은 상품입고부터 판매에 이르기까지 체계적이고 현대적인 시스템을 도입하여 구매자들의 편의를 돕고 있다.

　광복지구상업중심에 들어서면 가지런히 놓인 카트들과 물건을 고르느라 분주한 사람들이 우리나라의 대형유통마트를 방불케 한다. 상업중심은 내가 평양을 방문 할 때마다 가장 신나게 방문하는 곳 중 하나이다. 흔한 과자나 초콜릿, 담배라도 '미래', '구룡강', '금컵', '금성' 등 한글로 포장되고 디자인된 북한 상품이기 때문에 여러 가지로 호기심을 자극하게 만든다. 1층에는 주로 식료품, 화장품, 전자제품이 2층에는 가구 및 패션용품이 3층에는 식당이 자리 잡고 있다. 외화를 들고 있는 경우에도 환전소가 있어서 그 자리에서 북한돈으로 환전하여 물품을 구매할 수 있도록 편리를 보장하고 있다.

상업중심 외관

상업중심 내부 전경

계산대_계산 중인 점원

계산대 1

계산대 2

가구를 구경하는 손님들

옷을 고르는 손님

가방 진열대_
북한 고유 가방 브랜드
어깨동무가 눈에 띈다.

가방 진열대

곡물 진열대

과일 진열대 1

과일 진열대 2

과일 진열대 3

과일 진열대 4

과자 진열대 1

과자 진열대 2

과자 진열대 3

리모델링 자재들 1

리모델링 자재들 2

리모델링 자재들 3

담배 진열대 1

담배 진열대 2

담배 진열대 3

빵 진열대 1

빵 진열대 2

사탕 진열대 1

사탕 진열대 2

신발 진열대 1

신발 진열대 2

야채 진열대 1

야채 진열대 2

양말 진열대 1

양말 진열대 2

판매중인 여성화 1

판매중인 여성화 2

수입 주류 진열대

주류 진열대 1

주류 진열대 2

주류 진열대 3

음료 진열대 1

음료 진열대 2

기름류와 장류 진열대

운동 기구 진열대

운동복 진열대 1

운동복 진열대 2

운동복 진열대 3

냉장 식품 진열대

꽃 가게

생활용품 진열대

태양열 진열대

쇼핑 카트

약국_
약과 함께 건강 보조 식품도 판매중이었다

전통주 진열대

차, 커피 진열대

저장 식품 진열대

통조림 진열대

활어 진열대

판매중인 의류

판매중인 겨울 의류

판매중인 시계

미래과학자거리

  2015년 11월 3일, 북한의 관영매체인 조선중앙통신은 "영광스러운 조선로동당창건 70돐을 백두산대국의 혁명적대경사로 성대히 경축한 온 나라 군대와 인민이 조선로동당 제7차대회소집에 관한 당중앙위원회 정치국 결정서에 접하고 크나큰 격정에 넘쳐 강성국가건설의 전구마다에서 새로운 비약의 열풍을 세차게 일으켜나가고있는 시기에 수도 평양에 로동당시대의 또 하나의 선경거리로 일떠선 미래과학자거리가 준공되였다."라고 전했다.

미래과학자거리 전경

육교에서 바라 본 거리 전경

　미래과학자거리는 과학자 및 교육자를 위한 고층 아파트로 북한의
과학 중시 정책의 한 일환으로 새로 개발된 지역이다. 살림세대 뿐
만 아니라 학교, 병원, 유치원, 상업 및 각종 서비스 시설, 휴식 공원
들까지 종합적으로 갖추어져있다. 평양역과 대동강 사이에 있는 거
리 한가운데를 6차선 도로가 시원하게 뚫려있다. 한편 세계초고층도
시건축협회는 미래과학자거리에 있는 53층 주상복합아파트 '은하'를
210m로 2015년에 완공된 가장 높은 빌딩 중 하나로 기록했다.

미래과학자거리의 건물들

멀리서 바라 본 미래과학자거리

가로수와 태양열 가로등

태양열을 이용하는 가로등

아파트_고층 살림집

아파트 아래층에 위치한 상점들

육교

미래과학자거리 야경 2

미래과학자거리 야경 3

미래과학자거리 야경 4

미래과학자거리 야경 5

미래과학자거리 야경 6

미래과학자거리 야경 7

미래과학자거리 야경 8

미래과학자거리 야경 9

미래과학자거리 살림집

    미래과학자거리의 아파트에 입주하게 된 과학자, 교육자들은 이미 다 갖추어진 아파트에 간단한 짐과 열쇠를 받고 입주했다고 한다. 전 세대에 걸쳐서 가구, 가전제품, 주방의 식기류까지 구비가 되어있기 때문이다. 실제로 가본 아파트 한 세대를 돌아보니 남한의 살림방식과 비슷한 부분도 있었고 조금 다른 부분도 있었다.

외관

입구

주방

식사 공간

욕실

현관

진열장

거실 1

거실 2

서재 1

서재 2

침실 1

침실 2

만수대창작사 미술작품전시관

1959년 11월에 창립된 만수대창작사는 미술작품 창작을 전문으로 하는 북한 최고의 예술기관이다. 창작과 관련한 미술가, 기술자, 전문가들이 모여 종합창작기지를 만들고 있다. 만수대창작사의 기념적인 작품들은 천리마동상(1961년)부터 시작해서 만수대대기념비(1972년), 주체사상탑(1982년), 아프리카재생기념비(2010년) 등 해외를 가리지 않고 수많은 작품들이 있다. 이러한 창작품들의 일부를 감상하거나 구매할 수 있도록 만들어진 장소가 만수대창작사 미술작품전시관이다.

작품관에는 대형 회화부터 시작해서 작은 사이즈의 도자기까지 수천점이 전시되어 있다. 우리민족의 상징인 호랑이를 주제로 한 그림이라든지 고운 여성을 대상으로 한 그림이나 풍경 세밀화는 보는이로 하여금 감탄을 자아내게 만든다.

주체미술

미술작품전시관

만수대창작사 작품 사진

작품관 전경 1

작품관 전경 2

작품관 전경 3

작품관 전경 4

작품관 전경 5

작품관 전경 6

작품관 전경 7

작품관 전경 9

작품관 전경 10

작품관 전경 11

작품관 전경 12

작품관 전경 13

작품관 전경 14

모란봉의 겨울

    평양의사계절 여름 · 가을편에도 소개가 되었지만 도심속의 아름다운 공원인 모란봉은 사계절마다 옷을 새롭게 갈아입는다. 공원의 전체적인 모양이 모란꽃같이 아름답다 해서 '모란봉'이라는 이름이 붙여졌다고 한다. 아름다움과 함께 을밀대, 칠성문, 최승대, 부벽루 등 역사 유적들도 많이 있는 장소이다.

겨울 풍경 1

봄, 여름, 가을, 겨울 나름대로의 풍치가 있어 사람들이 끊이지 않는 곳이다. 결혼을 하는 커플이 웨딩 촬영을 하는 모습을 항상 볼 수 있는 곳이다. 그만큼 운치 있고 아기자기한 장소들이 여러군데에 걸쳐있는 보물찾기와 같은 곳이다.

겨울 풍경 2

겨울 풍경 3

겨울 풍경 4

겨울 풍경 5

겨울 풍경 6

겨울 풍경 7

겨울 풍경 8

겨울 풍경 9

겨울 풍경 10

겨울 풍경 11

겨울 풍경 12

겨울 풍경 13

겨울 풍경 14

겨울 풍경 15

겨울 풍경 16

겨울 풍경 17

겨울 풍경 18

겨울 풍경 19

겨울 풍경 20

평양아동백화점

　평양시 중구역 만수대언덕 근처에 자리잡고 있는 평양아동백화점은 1961년 11월에 개점하였고 2012년에 리모델링되었다. 지하 2층과 지상 3층으로 되어있는 평양아동백화점은 연건평이 5,042㎡로 대부분 북한 자체에서 생산한 제품들을 구비하고 있다. 지상층들은 매층마다 어린이들이 놀 수 있는 실내놀이터들을 갖추고 있다. 남한의 언론에는 이 실내놀이터들을 북한의 '키즈까페'라고 하여 여러차례 소개된 바가 있다. 실제로 틀린말은 아니다. 상점뿐만 아니라 아이들이 놀 수 있는 공간까지 갖춰놓았기 때문이다. 세부적으로는 완구류, 학용품류, 내의류, 신발류, 체육자재류 등을 취급하는 상점 등이 입점하여 있다.

평양아동백화점 입구

백화점 내 놀이터 1

백화점 내 놀이터 2

백화점 내 전경 1

백화점 내 전경 2

생활 용품 코너

학용품 코너

완구 코너 1

완구 코너 2

손님 응대 중인 점원

아동 한복 코너 1

아동 한복 코너 2

아동 한복 코너 3

선교구역

아동 의류 코너 1

아동 의류 코너 2

액세서리 코너

유모차 코너

운동 기구 코너 1

운동 기구 코너 2

침구류 코너

장난감 코너

퍼즐 코너

퍼즐 색칠공부 진열대

문수내고향체육용품상점

  2016년 12월부터 개장하여 서비스를 시작한 문수내고향체육용품상점은 평양 대동강구역 문수거리에 들어서 있다. 여러 종류의 운동복, 운동화, 구기류, 탁구채 등 다양한 체육용품들이 북한제 상품을 비롯하여 해외상품까지 가격대도 다양하게 구비되어 있다. 개장한지는 얼마되지 않았지만 이렇게 다양한 종류의 물건을 구비해놓은 덕택으로 체육인들은 물론이고 청소년 학생들에게까지 인기가 많은 상점이라고 한다. 이곳에서 북한제 상품중에는 '내고향'이라는 상표를 달고있는 체육용품들이 인기가 많다고 한다. 2016년 평양에서 열린 제21차 월드컵경기대회 아시아지역예선경기에서 응원단이 입은 붉은 색 티셔츠가 '내고향'상품이라고 한다. 또한 주문제작서비스도 가능하다. 기관이나 단체의 주문에 따라 운동복을 맞춤으로 제작해준다. 이밖에도 건강음료를 기본으로 한 식료품 상점과 의약품 상점 그리고 탁구장과 청량음료매대도 있다.

나이키 코너 1

나이키 코너 2

아디다스 코너 1

아디다스 코너 2

아디다스 코너 3

체육 용품 1

체육 용품 2

체육 용품 3

체육 용품 4

체육 용품 5

체육 용품 6

체육 용품 7

하나음악정보센터

   통일거리에 자리잡고있는 하나음악정보센터는 연건평은 5,736㎡로 북한 및 다른 여러나라들의 음악 관련한 자료들을 수집, 편집, 보급하는 종합적인 센터이다. 건물모양도 음악관련 건물이라는 특징을 잘 나타낼 수 있도록 건축되었다. 센터는 음악전자도서관, 다통로감상실을 비롯하여 전문가들은 물론 청소년학생들과 근로자들이 음성 및 동영상자료들과 도서, 악보를 시청열람 할 수 있도록 시설이 구비되어 있다.

정보센터 전경

정보센터 앞에서 직원과 함께

정보센터 내부 전경

컴퓨터실

정보 검색용 컴퓨터 1

정보 검색용 컴퓨터 2

조선미술박물관

    1948년 8월에 창립된 조선미술박물관은 평양시 중구역에 위치하여 총건평이 4,562㎡로 4층 건물에 26개의 작품전시실이 있다. 시대별·작가별·종류별로 진열되어 있으며 북한의 우수한 미술작품들을 수집 및 보존관리하며 작품을 통한 대중교양과 학술연구사업을 하는 문화교양 및 과학연구기관의 역할도 하고 있다. 조선미술박물관은 조선화를 위주로 하여 유화, 조각, 공예 등 미술의 모든 종류와 형태의 작품들이 다 갖추어져 있으며 항일혁명투쟁시기에 창작보급된 미술작품들과 해방 후 미술가들이 창작한 사상예술성이 높은 작품들 그리고 B.C 1세기경부터 20세기초에 이르는 북한의 미술 전통을 보여주는 많은 미술품들이 보존 및 전시하고 있다.

    내가 갔을 때에도 많은 학생들이 줄을 지어 입장하고 있었고 1층 입구 쪽에는 기념품관까지 갖추어져 관람객들의 편의를 보장하고 있었다. 한마디로 국보급 미술품들이 전시된 곳이기 때문에 역사적인 미술품들이 대거 전시되어 있었다.

박물관 전경

박물관 입구

박물관 내 기념품점 1

박물관 내 기념품점 2

전시관 1

전시관 2

전시관 3

전시관 4

전시관 5

전시관 6

로라스케이트장(롤러스케이트장)

    인민야외빙상장 맞은편에 위치한 로라스케이트장(롤러스케이트)은 2012년 11월에 건설되었다. 약 2,000여 제곱미터가 되는 롤러스케이트장은 어린이들이 가장 좋아하는 장소 중 하나이다.

입구 1

입구 2

롤러 스케이트장 풍경 1

롤러 스케이트장 풍경 2

롤러 스케이트장 풍경 3

롤러 스케이트장 풍경 4

롤러 스케이트장 풍경 5

롤러 스케이트장 풍경 6

롤러 스케이트장 풍경 7

롤러 스케이트장 풍경 8

롤러 스케이트장 풍경 9

락원백화점

　평양시 중구역에 위치하고 있는 락원백화점에는 각종 유행복들과 금은세공품들, 식료품과 의약품을 비롯하여 손님들에게 필요한 많은 종류의 상품들이 있다. 국내언론에는 평양의 호화 소비문화를 락원백화점이 주도 한다는 기사가 나오기도 했다. 실제로 백화점에는 고급 상품들이 가격대별로 다양하게 진열되어 있었다. 고객들중에는 고급 상품을 찾는 사람들뿐만 아니라 외국손님들도 많이 이용한다고 한다.

가구 코너 1

가구 코너 2

가구 코너 3

가방 코너 1

가방 코너 2

시계 코너

침구류 코너

운동 용품 코너

의류 코너

그릇 코너 1

그릇 코너 2

가전 제품 코너 1

가전 제품 코너 2

가전 제품 코너 3

대동강맥주공장

　대동강맥주공장은 북한에서 가장 많이 생산되고 있는 대동강맥주를 생산하는 공장이다. 평양시 사동구역 송화동에 위치하고 있고 전체 공장부지는 9만 9,000㎡, 연건평 2만㎡로 약 500여명의 직원들이 근무를 하고 있다. 직장들마다 독립적인 건물을 이용하고 있어 음료 생산기지로 가장 현대화되고 완벽한 면모를 갖추고 있다고 평가받고 있다. 대동강맥주는 1번부터 7번까지 7종류로 최근에는 떼기식통맥주(캔맥주)까지 생산하고 있다.

　대동강맥주 1번: 연한맥주, 알콜도수 4.5%, 맥아 100%.

　대동강맥주 2번: 연한맥주, 알콜도수 5%, 맥아 70%, 백미 30%.

　대동강맥주 3번: 연한맥주, 알콜도수 5%, 맥아 50%, 백미 50%.

　대동강맥주 4번: 흰쌀맥주, 알콜도수 4.5%, 맥아 30%, 백미 70%.

　대동강맥주 5번: 흰쌀맥주, 알콜도수 4.5%, 백미 100%.

　대동강맥주 6번: 흑맥주, 알콜도수 5.5%

　대동강맥주 7번: 흑맥주, 알콜도수 4.5%

공잔 전경 1

대동강맥주공장에는 생산된 맥주 뿐만아니라 북한의 경쟁 업체의 맥주 그리고 해외의 유명 맥주들까지 구비하고 있었다. 품질면에서 떨어지지 않는 노력을 지속하기 위해서라고 한다. 실제로 대동강맥주는 그 맛이 좋아서 대동강맥주축전을 개최할 정도로 북한 사람들에게 많은 사랑을 받고 있는 맥주이다.

공장 전경 2

공장 입구

공장 내부 시설 1

공장 내부 시설 2

공장 내부 시설 3

공장 내부 시설 4

공장 내부 시설 5

생산한 맥주 1

생산한 맥주 2

맥주 제조 시설 입구

제품 포장 시설 입구

평양어린이식료품공장

    평양어린이식료품공장은 1977년 준공되었고 이후 리모델링을 하면서 최근의 모습을 갖추게 되었다. 공장에서는 현재 어린이들을 대상으로 하는 종합적인 영양식품들 콩우유, 콩우유가루, 콩신젖, 애기젖가루, 영양암가루 등을 대량으로 생산하고 있다. 또한 어린이식료품을 더 많이 생산하기 위한 연구사업도 병행하고 있다. 모든 제품의 질을 영양학적 가치 측면에서나 맛의 측면에서도 최상의 수준에서 보장하기 위해서 노력하고 있으며 지속적으로 새 제품을 개발하기 위한 사업도 진행 중이라고 한다.

공장 전경

공장 건물 입구

공장 운송 차량

공정 지휘 통제실

직원 교육 시설

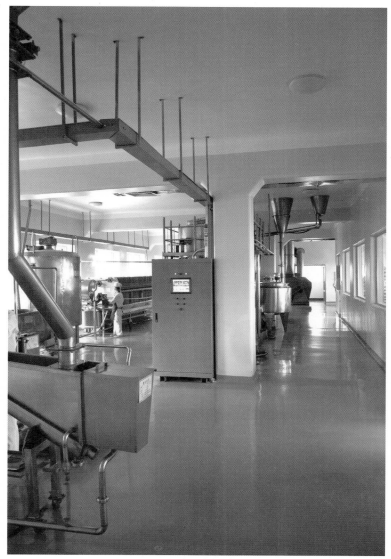

내부 시설

분유 진열대   신제품 진열대

가공유 제품 진열대

수입산 유아 식품 진열대

이유식 진열대

어린이 영양 식품 진열대

대동강변 경치

　한반도에서 다섯 번째로 큰 강으로 총 439km에 달하며 평양을 지나간다. 따라서 대동강변에는 평양의 크고 작은 구조물들이 강과 어우러져 멋진 장관을 이룬다. 대동강은 역사적으로도 중요한 강이어서 강변에는 중요한 유물들이 많이 있다.

▶ 대동문 : 북한의 국보 4호로 6세기 중엽 고구려의 수도 평양성 내성의 동문으로 처음 세워졌다. 그 후 여러차례 개건보수를 하다가 1635년에 다시 지은 것이 지금의 모습이다. 지난 6·25전쟁에 피해를 입었지만 복구되었다. 대동문은 화강석을 다듬어 쌓은 정교한 축대와 그위에 세운 웅장한 문루로 이루어졌다. 대동문의 평양의 6대문가운데서도 가장 중요하고 큰 성문이였다. 문의 높이는 19m이고 축대의 규모는 길이 26.3m, 넓이 14.25m, 높이 6.5m이다.

▶ 평양종 : 대동문옆 종각안에 걸려있는 평양종은 조선왕조시기 1726년에 만든 것으로 평양성사람들에게 비상경보와 시간을 알려주기 위한 수단으로 이용되었다. 평양종은 높이 3.1m, 직경 1.6m이고 무게는 12톤 914kg이다. 청동을 녹여만든 종의 겉면에는 불상, 사천왕상, 구름무늬, 종명 등이 조각되어있다.

대동강변 1

대동강변 2

대동강변에 위치한 학교

대동문

대동강변에서 웨딩 촬영중인 커플

대동문 설명비

평양종 설명비

평양종

겨울풍경

평양의 겨울풍경 몇 장을 소개해본다.

대동강과 대동교

대동강변

대동 강변에서 바라본
만수대언덕과 조선혁명박물관

통일 거리

모란봉극장

천리마동상

모란봉의 청년야외공원

옥류관 앞

옥류관 앞 창전거리

문수거리의 조선로동당 창건기념탑

문수거리의 평양볼링관, 금릉운동관

문수거리의 김일성화 김정일화 전시관

문수거리의 청년중앙회관

창전거리 1

창전거리 2

창전거리 3

2
—
평양의
봄

창광유치원

    북한은 현재 전반적 12년제 의무교육이 시행중이다. 이는 1-5-3-3제도로 유치원 1년, 소학교(초등학교) 5년, 초급중학교(중학교) 3년, 고급중학교(고등학교) 3년으로 되어있다. 평양시 중구역에 위치한 창광유치원은 생활환경이 훌륭할 뿐만 아니라 다양한 과목의 교양사업을 잘하는 것으로 북한 전국에서 손꼽히는 대표육아교육 시설이다. 지난 2000년 김대중 전 대통령의 영부인 이희호 여사가 방문한 것으로 잘 알려진 이 유치원은 최근에 리모델링 되었다. 이 창광유치원은 부지가 1만 2000여㎡로 10층으로 된 1호동 건물과 4개의 부속건물을 중심으로 각종 시설들이 현대적으로 갖추어져 있다. 세부적으로는 교양실, 민속놀이실, 서예실, 자연관찰실, 유희실, 무용실, 피아노실, 바둑실, 실내물놀이장, 검진실, 야외놀이터, 500명 수용가능한 식당 등이 있어 공부와 예체능 그리고 건강관리까지 전 생활에 걸쳐서 케어가 가능한 시스템을 갖추고 있다.

유치원 전경 1

유치원 전경 2

유치원 야외 전경

체험 학습중인 유치원생

노래 교실

놀이터

무용 교실

바둑 교실

식당

생활관 침대

하루 영양 공급 기준표

No	품 명	단위	기준량	No	품 명	단위	기준량
1	입쌀	g	324	10	빵	g	50
2	콩	g	8	11	닭알	g	25
3	기름	g	10	12	물고기	g	100
4	간장	g	11	13	고기	g	30
5	된장	g	13	14	과일	g	200
6	사탕가루	g	5	15	소젖,콩우유	g	150.200
7	남새	g	250	16	물가루	g	2
8	사탕	g	10	17	시빠가루	g	1
9	과자	g	10	18	소금	g	5

영양 공급 기준표

실내 체험관

실내 놀이터

오락실 전경

오락실 1

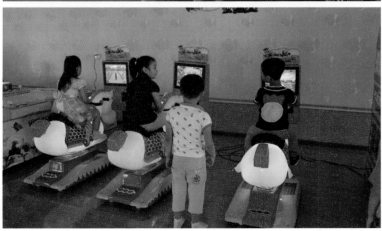

오락실 2

오락실 3

오락실 4

유치원생 공연 1

유치원생 공연 2

유치원생 공연 3

유치원생 공연 4

개선문

　모란봉 아래 개선문 광장에 자리잡고 있는 개선문은 김일성 주석의 개선을 영원히 전하기 위하여 김일성 주석의 70번째 생일을 맞으며 1982년 4월 14일에 건립된 기념비라고 한다. 개선문은 높이가 60m, 넓이 50.1m, 폭 36.2m를 가진 4층으로 된 웅장한 기념비 석조건물이며 다듬어 쌓아올린 화강석만 15,000여개에 달한다. 프랑스 파리의 개선문보다 더 크게 지어진 건축물이다. 1층 네면의 중심에는 사방으로 통하는 높이 27m 넓이 18m의 무지개형문이 있다. 건물의 남쪽 기둥에는 '1925'와 '1945'라는 숫자가 크게 새겨져 있다. '1925'는 김일성 주석이 조국 독립을 위해 고향집을 떠난 해이고, '1945'는 조국이 독립한 해라는 의미다

　▶ 개선문광장 : 개선문을 중심으로 하여 형성된 개선문광장은 김일성 주석의 개선연설을 기념하여 건설되었다. 광장너머에 있는 김일성경기장 앞에는 김일성 주석이 1945년 10월 14일 평양시환영군중대회에서 개선연설을 하는 화폭을 형상한 대형기념벽화와 친필교시비가 세워져 있다.

개선문 1

개선문 2   개선문 3

도로를 타고 바라본 개선문 1

도로를 타고 바라본 개선문 2

개선문 앞에서

개선문에서 내려다 본 풍경 1

개선문에서 내려다 본 풍경 2

개선문에서 내려다 본 풍경 3_
개선 영화관

미래상점

　보통강변에 위치한 미래상점은 2012년 4월에 첫개장을 하였다가 상점의 규모와 내용을 더 업그레이드 하여 2016년 다시 개장을 하였다. 따라서 봉사설비가 굉장히 현대화되어 있고 인테리어가 깔끔하며 최신형 전자제품을 구입할 수 있는 곳이다. 미래상점 개장당시 북한의 관영매체는 "2012년에 개점하였던 미래상점은 조선로동당의 과학중시, 인재중시사상에 떠받들려 보다 훌륭한 명당자리에 규모와 내용에 있어서 더 멋들어지게 일떠섰다. 오늘의 과학기술시대를 상징하듯 날아오르는 로케트와 지구의모양의 기둥들이 천정을 떠받들고 세계적 추세에 맞게 다님길들의 공간들을 효과적으로 리용하여 상품들을 진렬한것을 비롯하여 상점의 건축형식과 공간들은 새롭고 특색있으면서도 고도로 예술화되어있다."고 전했다.

　1층부터 3층까지 있는 종합상점으로 1층에는 화장품, 전자제품, 식료품이 있고 2층에는 전자제품, 체육용품, 아동용품이 진열되어 있으며 3층에는 안경점이 있다. 대리석 바닥을 인테리어로 해서 매장전체가 환한 느낌을 주고 내가 방문했을 때에도 손님들이 많이 붐비고 있었다. 특히 전자제품과 같은 경우에는 최신 트랜드를 잘 반영하여 노트북, DVD, 보조배터리 등 다양한 제품을 구비하고 있었다.

상점 내부 모습 1

상점 내부 모습 2

상점 내부 모습 3

상점 내부 모습 4

상점 내부 모습 5

식료품 광고

식료품 코너 1

식료품 코너 2

식료품 코너 3

식료품 코너 4

식료품 코너 5

식료품 코너 6

악세사리 코너 1

악세사리 코너 2

안경점 코너 1

안경점 코너 2

학용품 코너

화장품 코너 1

화장품 코너 2

화장품 코너 3

의류용품 1

의류용품 2

의류용품 3

위생용품 코너

전자제품 코너 1

전자제품 코너 2

전자제품 코너 3

전자제품 코너 4

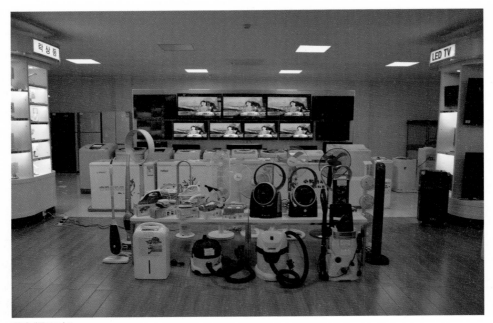

전자제품 코너 5

전자제품 코너 6

전자제품 코너 7

전자제품 코너 8

전자제품 코너 9

전자제품 코너 10

전자제품 코너 11

평양체육기자재공장

　평양의 청춘거리 체육촌에 건설된 평양체육기자재공장은 2017년 6월 7일에 준공식을 열고 가동하였다. 공장에서는 북한 자재와 기술로 세계체육의 발전 추세에 맞게 체육기자재들을 보다 높은 수준에서 만들어내고 있다고 한다. 이를 위해서 체육인들의 기호와 요구수준을 면밀하게 타산하고 그에 맞는 생산공정들을 확립하기 위한 사업을 했다고 한다. 따라서 현재는 여러종류의 체육기자재들이 생산중이다. 축구공, 농구공을 포함한 각종 구기류와 복장 그리고 글러브 및 태권도선수들을 위한 가슴보호대 등이 새로 개발생산된 것들이다. 이밖에도 가방, 그물대, 의류용품 등을 새로 개발하였고 각지의 체육단 및 공장, 기업소, 학교에서 호평을 받으며 수요가 늘어나고 있는 중이라고 한다.

공장 전경 1

공장 전경 2

공장 전경 3

통합생산 관리체계를 보는 직원

통합생산체계 관리실 모습

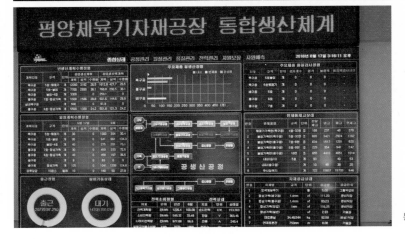

통합생산체계 전광판

생산된 완제품들 1

생산된 완제품들 2

생산라인 1

생산라인 2

생산라인 3

생산라인 4

생산라인 5

생산라인 6

생산라인 7

생산라인 8

생산라인 9

생산라인 10

생산라인 11

생산라인 12

생산라인 13

생산라인 14

생산라인 15

생산라인 16

생산라인 17

생산라인 18

생산라인 19

생산라인 20

생산완제품 전시실 1

생산완제품 전시실 2

생산완제품 전시실 3

생산완제품 전시실 4

생산완제품 전시실 5

평양제1중학교

평양제1중학교는 남산고급중학교의 후신으로 1954년 9월 1일에 창립되어 60년이 넘는 역사를 자랑하는 중등교육기관으로 북한의 수재들이 모이는 영재교육기관이다. 학교는 보통강구역 신원동에 위치하고 있으며 2만 8천㎡ 부지 위에 4층짜리 소학교 건물, 10층짜리 중학교 건물을 중심으로 도서관, 기숙사, 식당 등의 시설들을 갖추고 있다. 엄격한 시험을 통해 실력으로 학생들을 선발하기 때문에 학생들의 학습수준이 매우 높은 것으로 알려져 있다.

학교 입구

학교 전경 1

학교 전경 2

학교 전경 3

학교 전경 4

학교 전경 5

물리실

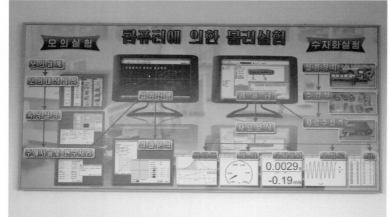

물리 공부판

인공위성 공부판

외국어 공부판

복도에 있는 수학 공부판 1

복도에 있는 수학 공부판 2

수업시간 1

수업시간 2

수업시간 3

수업시간 4

수업시간 5

수업시간 6

수업시간 7

수업시간 8

수업시간 9

수업시간 10

수업시간 11

수업시간 12

능라인민유원지

능라인민유원지는 종합적인 유원지로 곱등어관(돌고래관)과 물놀이장, 유희장, 미니골프장 등으로 이루어져있다. 북한의 관영매체는 유원지에 대해 다음과 같이 전했다. "오늘날 유원지형성의 세계적 추세는 인간정서의 류행에 따르는 다양한 형태의 휴식공간조성, 자연의 적극적인입, 강한 자극과 완만한 자극의 유기적인 결합, 예술적요소의 도입 등 보다 립체화되고 개방적인 방향으로 나가고 있다. 이렇게 놓고볼때 바다동물의 이채로운 교예를 관람할 수 있는 곱등어관, 경사가 급한 물미끄럼대에서 쏜살같이 미끄러져내리는 강렬한 자극과 함께 맑은 물의 부드러운 촉감을 맛볼수 있는 릉라물놀이장 그리고 현대적유희시설들로 꾸려진 유희장이며 미니골프장 등이 구색이 맞게 들어앉은 릉라인민유원지는 세계적발전추세에 완전히 부합되면서도 우리 인민의 사상감정과 미적지향을 잘 구현한 훌륭한 유원지라고 할 수 있다. 훌륭하게 닦아진 도로들, 친절성과 문화성이 잘 보장된 표식판들과 넓은 주차장, 다양하게 전개된 봉사시설 등 흠잡을데 없는 후생조건을 갖추고 있는것으로 하여 더더욱 자랑높은 유원지이다." 또한 녹지의 비중을 절반이상으로 하여 나무들을 적절하게 배치하고 휴식장소들을 마련하여 자연친화적인 공간이라고 홍보하였다.

유원지 입구

　내가 방문했을 때에도 유원지에는 커플들과 아이들을 동반한 가족들이 붐비면서 단란한 시간을 보내고 있었다. 특히 오락실과 범퍼카를 즐기는 아이들을 보며 남한에서나 북한에서나 아이들이 좋아하는 것은 매한가지라는 생각이 들었다.

유원지

유원지 입구 앞 풍경

유원지 매표소

놀이기구 1

놀이기구 2

부모님과 함께 놀러와
신나보이는 어린이

유원지 내 이용객들

운영중인 놀이기구를 구경중인 사람들

운영중인 놀이기구 1

범퍼카_전기 자동차

범퍼카를 즐기는 사람들 1

범퍼카를 즐기는 사람들 2

범퍼카를 즐기는 사람들 3

작동 전 점검중인 놀이기구

실내 유희장을 즐기는 사람들 1

실내 유희장을 즐기는 사람들 2

실내 유희장을 즐기는 사람들 3

전자오락관

즉석 사진 촬영

유원지 내에서 운영중인 꼬마기차

휴게시설

평양산원

　대동강구역에 자리잡고 있는 평양산원은 북한 최대의 산부인과로 1980년 7월 30일에 개원하였다. 연건평이 6만여㎡이고 건축면적이 1만여㎡이다. 산원은 본관 13층 건물에 임신 및 출산을 비롯하여 여러 부인과 치료를 하는 내과, 비뇨기과, 구강과, 안과, 이비인후과 등을 골고루 갖추고 병실도 2,000여개가 넘어 여성들을 위한 종합의료 서비스 기지로 평가받고 있다. 또한 단순히 의료서비스를 제공하는 것 뿐만아니라 산과연구실, 부인병인구실, 면역연구실, 내분비연구실을 비롯한 여러 연구실을 갖추어 의료인 양성과 연구사업에도 같이 병행하고 있다. 특히 2012년에는 평양산원 유선종양연구소를 현대적으로 설립하여 유선질병에 대한 치료 및 연구사업을 진행할 수 있게 설비를 갖추고 있다.

　평양산원의 산모들은 출산 후에도 지속적인 산후조리를 받는다. 출산 후의 허약해진 몸을 위하여 각종 서비스를 제공한다. 특히 북한에서는 세쌍둥이를 낳는 것이 국가에 좋은 징조라고 여겨 세쌍둥이의 임신이 확인만 되더라도 평양산원에 즉시 입원해 특별 관리를 받게 된다. 또한 남자아이가 태어나면 은장도를, 여자아이가 태어나면 금반지를 선물하고 그 외에도 풍성한 선물이 국가로부터 지급된다.

입원실 전경

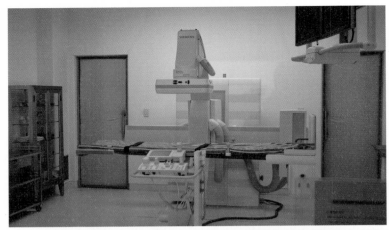

X레이 설비 1

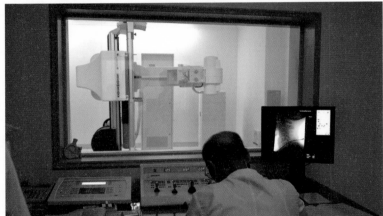

X레이 설비 2

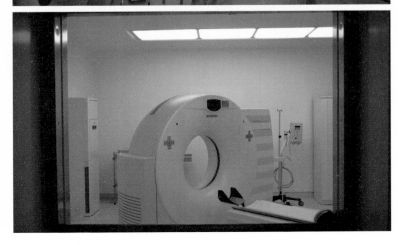

자기공명영상 촬영장치(MRI)

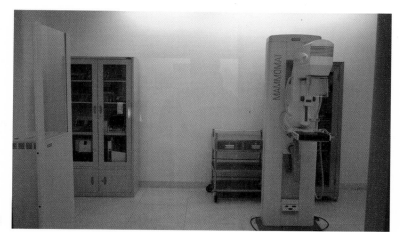

엑스레이 촬영 시설

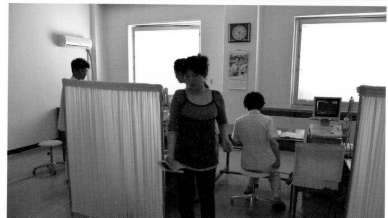

초음파 진료중 1

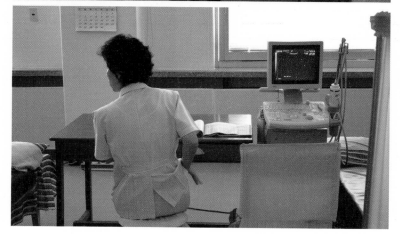

초음파 진료중 2

유선종양연구소 로비 모습 1

유선종양연구소 로비 모습 2

휴게실

산후 구내 위생 포스터

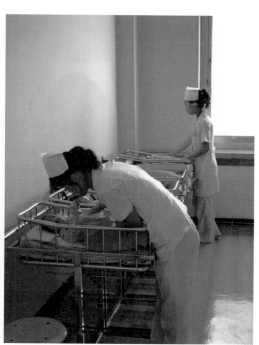

신생아실

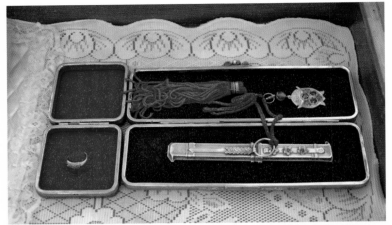

금반지와 은장도

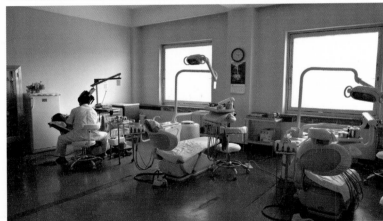

치과 진료 시설

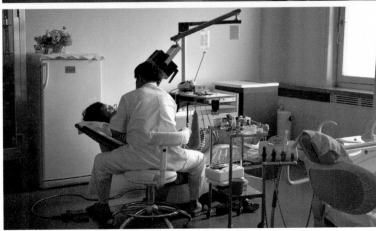

치과 진료 중

연구시설 1

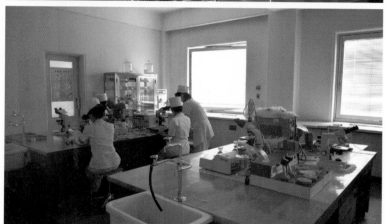

연구시설 2

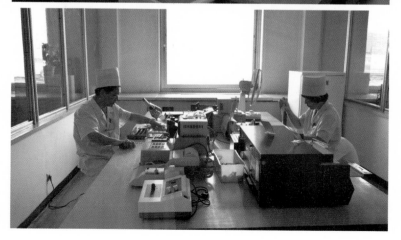

연구시설 3

제19차 김일성화 축전

　북한의 최대 명절인 태양절 즈음에는 김일성화 축전 행사가 있다. 2017년 제19차 김일성화 축전에 참가하여 행사 이모저모를 관람하고 돌아왔다. 주요 행사 장소는 김일성화김정일화전시관으로 북한의 관영매체는 이 행사에 대해 "위대한 수령 김일성동지의 탄생 105돐을 맞이하는 뜻깊은 시기에 진행되는 이번 축전은 위대한 수령님은 우리 인민과 세계 진보적인류의 마음속에 영생하신다는 절대불변의 진리를 깊이 새겨주는 위인칭송의 대정치축전이며 태양의 위업을 받들어 사회주의강국건설의 최전성기를 열어나가는 천만군민의 필승의 기상을 내외에 과시하는 의의깊은 축전이다."라고 전했다.

축전장 입구

▶ 김일성화김정일화전시관 : 평양 대동강변에 위치한 이 전시관은 2002년 4월에 개관되었다. 유리지붕을 이용한 독특한 처리를 하여 화초전시장으로서의 면모를 갖추고 있어 국제적인 화초박람회가 열리는 곳이기도 하다. 1층 전시장 중앙홀에는 항상 활짝 핀 김일성화, 김정일화가 전시되어있으며 2층, 3층 전시장에서는 북한 최대의 명절인 태양절, 광명성절을 비롯한 주요 명절, 기념일을 계기로 축전과 전시회가 진행된다. 전시관에는 조직배양실, 재배실, 녹화강의실, 면담실, 선전실 등 연구보급과 홍보에 필요한 현대적인 시설이 갖추어져있고 이곳의 온습도와 빛조절 등은 모두 자동화, 컴퓨터화 되어있다.

김일성화김정일화전 전시관 전경

전시관 중앙로비 전경

축전을 관람하기 위해
줄지어 있는 사람들 1

축전을 관람하기 위해
줄지어 있는 사람들 2

전시관 내부 축전 모습 1

전시관 내부 축전 모습 2

전시관 내부 축전 모습 3

만경대소년단야영소

　룡악산 기슭에 자리잡아 2016년 6월에 새롭게 리모델링된 만경대소년단야영소는 남한식으로 이야기하면 수련회 장소이다. 야영소는 3개 호동과 야영각, 식당, 회관, 동물사, 직원합숙, 보트장, 야외수영장, 야외농구장, 운동장 등으로 구성되어 있다. 세부적으로는 음악, 미술, 등산, 해양실을 비롯한 20여개의 각종 활동실과 120여개의 침실, 현대적으로 꾸려진 회관, 종합운동장, 수영장, 보트장, 유람활동장, 야외오락장, 소동물실 등이 있다. 야영생들은 각종 견학과 유희놀이, 보트놀이, 유람선놀이를 비롯하여 무도회, 예술소조경연, 영화관람 등 다채로운 야영생활을 한다.

야영소 회관

숙소동 전경 1

숙소동 전경 2

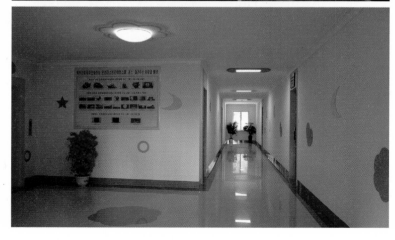

숙소동 내부

숙소동 침실

숙소동 학습실

조리 체험 학습

공연 관람중인 학생들 2

룡악산의 유래

컴퓨터실

실내체험장 1

실내체험장 2

실내체험장 3

야영소 문구 1

야영소 문구 2

야영소 공연

야영소 식당

야영소 조감도

야영소 풍경 1

야영소 풍경 2

야영소 풍경 3

야영소 풍경 4

야영소 풍경 5

야영소 풍경 6

야영소 풍경 7

야영소 풍경 8

장천남새전문협동농장

    평양시 사동구역에 위치한 장천남새전문협동농장은 약 68만 4천㎡의 면적으로 사회주의농촌문화건설의 본보기, 기준으로 2015년에 새롭게 개건된 농장이라고 한다. 평양시민들에게 사시사철 신선한 남새(채소)를 공급하기 위한 남새전문생산기지이다. 협동농장에는 살림세대와 더불어 문화회관, 과학기술보급실, 장천원 등 복리 후생시설도 잘 갖추고 있다. 문화회관은 배구장, 수영장 등의 유원지 시설이 장천원은 목욕, 이발, 옷·신발 수리, 사진 등 편의 시설이 과학기술보급실에는 도서실, 전자열림실, 기술학습실로 학습 및 연구시설이 있다.

    특히 농장에 있는 모든 주택들에는 태양열을 이용한 에너지 설비를 설치하였고 메탄가스공급체계를 세워놓았다고 한다. 온실은 토벽식 박막온실, 궁륭식련동온실 등이 있으며 총 665동에 토마토, 오이, 호박, 가지, 배추, 무, 부추 등을 재배하고 있다.

협동농장 학교

협동농장 전경도

협동농장 과학기술보급실

협동농장 살림집

협동농장 살림집들

소재지부지면적 24정보
위대한 수령 김일성대원수님을 형상한
모자이크상

영생탑
혁명사적비
김일성-김정일주의 연구실
혁명사적교양실
소   층   54동   324세대
단   층   83동   98세대
공공건물 18개 대상   연건평 16727㎡
시 설 물 10개 대상

온실총부지면적 45정보
그중 온실면적   30정보

온실총호동수   665동
그중 궁륭식온실   610동
반궁륭식온실   43동
련동식온실   12동

작물배치정형
도마도   70동
오   이   33동
호   박   6동
가   지   1동
배   주   541동
무   우   7동
무   조   7동

협동농장 정보 게시판

컴퓨터실

학습실

협동농장 풍경 1

협동농장 풍경 2

협동농장 풍경 3

협동농장 풍경 4

협동농장 풍경 5

협동농장 풍경 6

협동농장 풍경 7

협동농장 풍경 8

평양애육원

　일반적으로 애육원, 육아원은 부모가 없는 아이들을 길러주는 양육시설이다. 최근에 북한에서는 애육원, 육아원과 같은 시설에 많은 신경을 들여서 단순한 양육이라기보다 교육 및 교양 장소로서의 역할도 하고 있다. 김정은 국무위원장의 지시로 그 기준점이 되는 평양육아원, 애육원을 2014년 10월 준공하였고 2015년 6월 강원도 원산시, 2016년 1월 함경북도 청진시에 이어 자강도 강계시에 건설했으며 2016년 4월 사리원과 평성에서 준공식을 진행하였다.

평양애육원 입구

특히 평양육아원, 애육원에는 보육실과 교양실, 운동실, 지능놀이실, 치료실을 비롯하여 250여개의 방들이 꾸려져있으며 원아들의 생활에 필요한 설비와 비품들, 야외 및 실내물놀이장과 공원, 갖가지 유희오락시설들이 갖추어져있다. 1층과 2층에는 원아들의 보육과 교육 및 성장에 도움이 될 수 있도록 보육실, 교양실, 잠방, 세면장, 놀이장, 자연관찰실, 식당 등이 있으며 3층에는 내과, 외과, 구강과 등을 갖춘 치료병동이 갖춰져 있어 원아들이 먼 거리를 갈 필요가 없이 접근성이 좋게 치료를 받을 수 있게 되어있다. 그 밖에도 실외 운동장, 실내 수영장이 있어서 사계절 내내 활동적인 생활을 할 수 있다. 또한 야외에는 교통공원과 자전거주로가 있어 교통규정에 대한 교육을 받을 수 있게 되어 있다.

애육원 내부 전경

가득한 비품들

가지런이 정돈된 수납장

세탁실

식당

실내 자연 체험실

실내 수영장

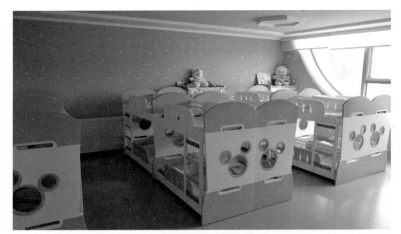

침실

학습중인 아이들

피아노 공연중인 아이

즐거운 아이들 1

즐거운 아이들 2

즐거운 아이들 3

즐거운 아이들 4

즐거운 아이들 5

애육원 밖 전경 1

애육원 밖 전경 2

애육원 밖 전경 3

애육원 밖 전경 4

야외 교통놀이 공원 1

야외 교통놀이 공원 2

야외 교통놀이 공원 3

야외 교통놀이 공원 4

야외 교통놀이 공원 5

야외 교통놀이 공원 6

평양초등학원

  평양초등학원, 평양중등학원 역시 애육원, 육아원과 마찬가지로 부모가 없는 아이들을 돌봐주는 양육 및 교육시설이다(애육원, 육아원, 초등학원, 중등학원 순). 평양초등학원은 평양시 사동구역 휴암동 지구에 들어서 있으며 2017년 2월에 새롭게 리모델링 되었다. 연건축면적이 7,870여㎡이고 교사, 기숙사, 야외체육장 등으로 이루어졌다. 또한 190여가지의 현대적인 설비들과 460종류에 이르는 비품들이 갖추어져 교사는 물론 원아들의 기숙사와 식당, 야외체육장과 물놀이장을 비롯한 생활조건이 최상의 조건이라고 한다.

평양초등학원 입구

평양초등학원 전경

교실 모습

식당 모습

이발실

침실

자연체험실 모습

컴퓨터실

학교 복도

복도 포스터 및 문구 1

복도 포스터 및 문구 2

복도 포스터 및 문구 3

복도 포스터 및 문구 4

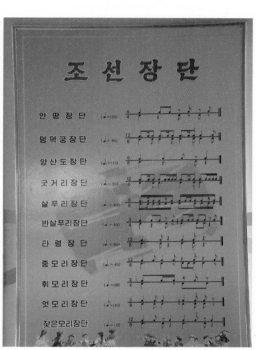

복도 포스터 및 문구 5

즐거운 체육시간 1

즐거운 체육시간 2

학습시간 1

학습시간 2

학습시간 3

광법사

  평양시의 북동쪽에 위치한 대성산에 자리잡고 있는 광법사는 고구려 광개토대왕(서기 392년)때 세워진 절이다. 처음에는 목재로 건조된 불교 사찰이었지만 6·25전쟁시기 훼손되어 그 후 1990년에 원상복구하여 현 모습을 갖추게 되었다고 한다. 광법사는 불교사찰가운데서도 보기드문 건축형식을 가진 2층으로 된 대웅전을 중심으로 5개의 건물로 이루어져있다. 입구는 해탈문으로 문안에 사자를 타고 련꽃을 손에 든 문수보살과 흰코끼리를 타고 있는 보현보살이 있다. 그 밖에도 천왕문, 8각 5층탑으로 이루어져있고 대웅전의 좌우에는 동승당, 서승당이 있다. 동승당과 서승당은 스님들이 거처하면서 불교를 익히고 예식을 하던 건물이었다. 그 밖에도 당간지주와 광법사비, 광법사십왕개소상비, 광법사중수단청비 등 비석이 있다.

광법사 입구 해탈문

광법사 사적비

광법사 앞 비석

광법사 옆 풍경

천왕문

스님과 함께 저자

대웅전

대웅전 내부

대웅전 앞 석탑

중앙동물원

　평양시 대성산 아래쪽에 위치하고 있는 중앙동물원은 부지가 270만 ㎡로 1959년 4월에 개장한 북한 최대의 동물원이다. 2016년 7월 리모델링하여 새롭게 준공식을 올렸다. 중앙동물원은 문화의 공간이면서 동물관련 연구사업을 병행하는 장소이다.

　동물원에는 파충류관, 원숭이관, 맹수사, 코끼리사, 기린사 등을 비롯하여 40여개의 동물사가 있으며 연건축면적이 3만 5,000여㎡에 달하는 종합적인 자연박물관은 우주관, 고생대관, 중생대관, 신생대관, 동물관, 식물관, 선물관 등과 전자열람실, 과학기술보급실까지 갖추고 있다. 특히 중앙동물원에는 다른 나라의 국가수반들이나 사회 인사들이 선물한 동물들이 300여종이나 된다. 동물원에는 동물병원까지 함께 갖추어져 있다.

중앙동물원 입구

입구안쪽 인공못 1

입구안쪽 인공못 2

동물원 풍경 1

동물원 풍경 2

동물원 풍경 3

동물원 풍경 4

동물원 풍경 5

동물원 풍경 6

동물원 풍경 7

동물원 풍경 8

동물원 풍경 9

동물원 풍경 10

동물원 풍경 11

수중 터널 모습

수중 터널에서_저자

동물원안 수족관 내부 모습 1

동물원안 수족관 내부 모습 2

동물원안 수족관 내부 모습 3

동물원안 수족관 내부 모습 4

동물원안 수족관 내부 모습 5

동물원안 수족관 내부 모습 6

파충류관 전경

파충류관 내부 모습 1

파충류관 내부 모습 2

파충류관 내부 모습 3

파충류관 내부 모습 4

파충류관 내부 모습 5

파충류관 내부 모습 6

파충류관 내부 모습 7

동물재주장 전경

공연시작을 알리는 봉사원

비둘기 공연중

중앙식물원

중앙동물원 맞은편에 위치하고 있는 중앙식물원은 중앙동물원과 마찬가지로 1959년 4월에 개장한 역사가 깊은 북한 최대의 식물원이다. 총면적 119만m²로 4,000여 종의 수종을 보유하고 있다. 김일성화실, 김정일화실을 비롯하여 식물분류원, 수목원, 화초원, 약초원, 과수품종원, 양묘시험장, 경제식물자원구, 국제친선식물관 등이 있다. 한편 다른 나라의 국가수반들이나 사회인사들이 선물한 식물들도 같이 관리 및 전시가 되고 있다.

▶ 김일성화 : 김일성 주석이 1965년 4월 인도네시아를 방문하였을 때 당시 수카르노 대통령이 선물한 꽃으로 후에 인도네이사 식물학자들이 꽃을 키우고 재배기술을 완성하여 1975년 북한으로 보내었다.

▶ 김정일화 : 일본 시즈오까현 가께가와시 가모꽃창포원 주임 가모 모도데루가 오랜기간 연구 개발 끝에 새로 육종한 꽃이다. 김정일화는 크고 탐스러운 붉은 꽃송이들이 120여일간에 걸쳐 차례로 피어나는 꽃이다.

식물박물관 입구

김일성화

김일성화 온실

김일성화 온실 내부

김정일화

김정일화 온실

김정일화 온실 내부

선물식물온실 전경

선물식물온실 내부 모습 1

선물식물온실 내부 모습 2

선물식물온실 내부 모습 3

선물식물온실 내부 모습 4

선물식물온실 내부 모습 5

선물식물온실 내부 모습 6

선물식물온실 내부 모습 7

선물식물온실 내부 모습 8

선물식물온실 내부 모습 9

선물식물온실 내부 모습 10

선물식물온실 내부 모습 11

식물원 풍경 1

식물원 풍경 2

식물원 풍경 3

식물원 풍경 4

식물원 풍경 5

식물원 풍경 6

식물원 풍경 7

식물원 풍경 8

식물원 풍경 9

려명거리

   려명거리는 최근 북한의 엄청난 속도전을 보여준 하나의 사례이다. 북한의 관영매체는 "김정은시대를 대표하는 려명거리는 조선의 만리마속도를 국제사회에 과시하는 건축물이다."라고 표현했다. 려명거리 건설은 2016년 4월에 시작되었다. 2016년 7월에 려명거리 55층 고층아파트 골조공사가 완공되고 2016년 8월 5일 모든 골조공사가 100% 완수되었으나 9월 함북도 수해로 공사가 잠정 중단되었다. 이후 공사가 재개되었으며 2017년 4월 13일에 준공식을 열었다.

   미래과학자거리의 가장 높은 건물이 53층짜리 아파트인 반면 려명거리의 가장 높은 건물은 70층 이상이다. 일명 녹색형거리로 태양열설비가 기본적으로 설치되었고 복도를 비롯한 공공장소들에는 적외선수감식조명기구를 설치하여 전기를 최대한 절약 할 수 있게 설계되었다. 또한 지열에 의한 난방체계가 도입되었고 옥상에는 온실들이 갖춰져 있다. 려명거리는 고층아파트와 공공건물을 포함 100여동이 넘고 총 4,800여세대의 이른다.

려명거리 입구

려명거리의 모습 1

려명거리의 모습 2

려명거리의 모습 3

려명거리의 모습 4

려명거리의 모습 5

려명거리의 야경 1

려명거리의 야경 2

려명거리의 야경 3

광명거리의 야경 4

려명거리의 야경 5

려명거리의 야경 6

려명거리의 야경 7

려명거리의 야경 8

려명거리의 야경 9

려명거리의 야경 10

려명거리의 야경 11

려명거리의 야경 12

미림항공구락부

    미림항공구락부는 북한이 자체개발한 초경량비행기로 평양시내를 상공에서 둘러다보는 비행관광상품이다. 미림항공구락부는 수십여대의 관광용 초경량비행기를 가지고 있으며 활주로, 정류소, 봉사소, 야외관람대 및 여러동의 보조건물로 이루어져 있다. 손님들은 본관 1층 대기실에서 안내원들의 안내에 따라 비행복장과 모자로 갈아입고 야외로 나가 탑승하게 된다. 2층과 3층은 식사실로 식사를 하며 비행기의 이착륙을 감상할 수 있다. 관광비행은 매해 초봄부터 늦가을까지 진행하며 고정된 비행항로에 의한 관광비행과 주문자의 요구에 따라 주문 관광비행이 있다. 비행시간은 20분에서 2시간까지 다양하다.

미림항공구락부 본관 전경

안내데스크

대기중인 비행기

모의조종기

활주로

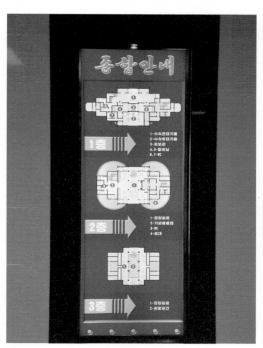

종합안내도 화면

북한에서 자체 제작한 관광용 초경량 비행기

이륙 준비 1

이륙 준비 2

이륙중

착륙

탑승준비 점검중

야외대기장소

모란봉의 봄

모란봉의 봄 풍경 몇장을 소개해본다.

모란봉의 봄풍경 1

모란봉의 봄풍경 2

모란봉의 봄풍경 3

모란봉의 봄풍경 4

모란공의 봄풍경 6

모란봉의 봄풍경 6

모란봉의 봄풍경 7

모란봉의 봄풍경 8

모란봉의 봄풍경 9

모란봉의 봄풍경 10

모란봉의 봄풍경 11

모란봉의 봄풍경 13

모란봉의 봄풍경 14

모란봉의 봄풍경 15

모란봉의 봄풍경 16

모란봉의 봄풍경 17

모란봉의 봄풍경 18

모란봉의 봄풍경 19

모란봉의 봄풍경 20

모란봉의 봄풍경 21

모란봉의 봄풍경 22

모란봉의 봄풍경 23

모란봉의 봄풍경 24

모란봉의 봄풍경 25

모란봉의 봄풍경 26

모란봉의 봄풍경 27

모란봉의 봄풍경 28

모란봉의 봄풍경 29

모란봉의 봄풍경 30

모란봉의 봄풍경 31

모란봉의 봄풍경 32

만경대

  평양시 만경대구역에 위치한 만경대는 만가지 경치를 볼 수 있다고 하여 지어진 이름이다. 만경대는 처음에 대동강의 남쪽하류에 자리 잡고있다는 뜻에서 남호라고 하다가 지금으로부터 약 500~600년 전부터 만경대라고 하였다. 특히 만경대의 만가지 경치중에서 으뜸인 열가지를 뽑아 '화촌 10경'이라고 하는데 화촌은 오늘날 만경대일대를 가리키는 별칭이기도 하다. '화촌 10경'은 다음과 같다.

1. 만경상춘 : 만경대의 봄경치
2. 삼도범월 : 두루, 두단, 독발세섬의 달풍경(독발은 오늘의 문발도)
3. 봉포타어 : 봉포에서 고기잡이(봉포는 만경봉부근에 있던 옛 나루터)
4. 우산목독 : 우산에서의 소방목(우산은 만경대구역 원로리에 있는 산의 옛이름)
5. 광촌취연 : 광촌마을 밥 짓는 연기(광촌은 오늘의 만경대구역 대평일대)
6. 석호풍범 : 석호의 돛배(대동강과 보통강이 합치는 곳에 있던 옛 나루터)
7. 양산청취 : 양산의 푸른 기상(양산은 만경대구역 룡봉리에 있는 산의 옛이름)
8. 원암적벽 : 원암의 붉은 절벽
9. 추교관가 : 추교의 씨붙임 광경(추교는 오늘의 추자벌)

만경대 고향집 앞에서_저자

10. 동림송객 : 동림나루터의 손님배웅

▶ 만경대고향집 : 만경대고향집은 김일성 주석이 태어나 어린시절
을 보낸곳으로 북한의 가장 중요한 혁명사적지중 하나이다. 옛
모습 그대로 보존되어있는 고향집에는 김일성 주석의 일가가 이
용한 용품들이 사적물로 보존되고 전시되어있다. 만경대고향집
은 안채와 바깥채로 되여있는데 안채는 부엌과 3개의 방으로 되
여있으며 바깥채는 자그마한 3개의 헛간으로 되어있다. 고향집
주변에는 씨름터, 샘물터, 학습터, 군함바위, 썰매바위, 들메나
무 등이 사적물로 보존되여있다.

만경대 봄풍경 1

만경대 봄풍경 2

만경대 봄풍경 3

만경대 봄풍경 4

만경대 봄풍경 5

만경대 봄풍경 6

만경대 봄풍경 7

만경대 봄풍경 8

만경대 봄풍경 9

만경대 봄풍경 10

만경대 봄풍경 11

만경대 봄풍경 12

봄풍경

평양의 봄풍경 몇 장을 소개해본다.

개선문 앞 광장

개선문 앞 도로 1

개선문 앞 도로 2

다양한 모바일 어플리케이션들 1

다양한 모바일 어플리케이션들 2

월향거리

월향거리와 김일성종합대학
교육자 살림집

대동강변

대동문거리의 교통보안원

대동문거리의 하교하는 학생들

룡흥거리

룡흥공원 입구

옹기종기 모여있는 학생들

만수대 거리

만수대예술극장 앞 분수 꽃매대들

만수대예술극장 앞 분수공원

만수대예술극장

모란봉 거리 1

모란봉 거리 2

모란봉 거리 3

모란봉 거리 천리마 동상 올라가는 길

모란봉 극장

정승 거리

웨딩촬영중인 커플 1

웨딩촬영중인 커플 2

비파 거리 1

비파 거리 2

인민극장과 만수대의사당

인민대학습당

주체사상탑

창전거리 1

창전거리 2

창전거리의 옥류교

창전거리를 지나는 무궤도전차 1

창전거리를 지나는 무궤도전차 2

충성의 다리와 미래과학자 거리

천리마동상 1

천리마동상 2

평양국제마라톤 1

평양국제마라톤 2

평양국제마라톤 3

평양국제마라톤 4

평양학생소년궁전

평양제1백화점 앞 광장

평양제1백화점

　수차례의 평양 방문, 처음 방문했을 때는 모든 것들이 익숙하지 않았는데 이제는 제법 많은 것들이 익숙해졌다. 창밖에 풍경은 푸른내음을 물씬 풍기고 나뭇잎들은 작은 바람에도 살랑거리며 사람들이 걸어다니고 차가 달리고 있다. 아스팔트 바닥은 햇빛이 구름에서 벗어날때마다 따뜻하게 물들여지고 이곳저곳에서 건설 크레인은 높은 빌딩을 올리느라 여념이 없다.

　2017년 어느날 오후 평양의 한 식당, 나와 함께 일정을 가이드해주는 안내 선생님 그리고 운전수 선생님이 같은 식탁에서 식사를 한다. 식사를 하면서 이런저런 이야기를 한다. 날씨부터시작해서 가정사에 이르기까지 지극히 소소한 일상과 삶에 관한 이야기들을 하다보면 어느사이에 2~3평 남짓한 공간에는 작은 통일이 이루어지곤 한다. 아마 통일도 그렇게 될 것이라고 생각한다. 처음에는 익숙하지 않지만 점차 익숙해지고 자연스러워지고 친근해지고 정이 들고 그렇게 되는 것. 그런데 그렇게 쉬운 문제가 아닌가보다.

　나는 남한에서 자라고 북한에 대해서 공부했다. 뉴질랜드에서 대학원 과정을 이수할 때조차도 통일문제를 손에서 놓지 않았다. 어떻게 하면 우리가 통일을 할 수 있을 것인가에 대한 이 간단한 명제를 분단 70년이 넘도록 풀지 못하는 현실에서 조금이라도 도움이 되고 싶은 사람이 되는 것이 나의 꿈이었고 지금도 그렇다.

사람들이 가끔 나에게 통일은 어떻게 하면 할 수 있냐고 물어온다. 내가 북한에 대해서 공부를 하고 평양에 다니는 사람이기 때문에 좀 더 기대감을 갖고 물어오는 것 같다. 그러나 나는 그 어떤 대답도 시원하게 해본 적이 없다. 그것은 오히려 내가 실제로 북한을 보았기 때문이다. 나 역시도 마찬가지지만 우리 젊은 세대들은 6·25전쟁을 책으로, 사진으로만 배웠다. 3년 남짓한 기간 동안 백만명이 넘는 살육의 현장이었던 곳이 바로 한반도였는데도 불구하고 우리는 세대가 지나 피부에 와닿지 않는다고 해서 남북한 통일 문제를 다루는데 너무나도 쉽게 이야기를 하곤 한다. 나는 적어도 겨우 몇차례 평양에 다녔다고 해서 내 말이 옳다는 듯이 통일이라는 민족의 백년지대계의 문제에 쉽게 결론을 내리고 말하는 사람이 되기는 싫었다.

북한 땅에 실제로 가보게 되면 누구든지 생각이 많아질 것이다. 그 땅에도 정치와 경제, 사회와 문화 그리고 역사가 있기 때문이다. 이는 누구나 알고 있는 사실이지만 아무나 알고 있는 것은 아니다. 사랑하는 사람을 온갖 미사어구로 표현한들, 가장 섬세한 화법으로 그려서 간직한들, 실제로 그 사람을 만나서 눈을 마주치고 이야기를 하고 손을 잡는 것보다 더한 감동이 있을까. 나는 이제 갓 눈을 마주치고 대화를 시작하는 사람일 뿐이다.

통일문제가 도마위에 오르면 그 어떤 논쟁보다도 첨예하게 대립하는 것이 남북갈등이고 남한의 보수와 진보진영의 다툼이다. 이해는 한다. 그러나 처음에는 익숙하지 않지만 점차 익숙해지고 자연스러워지고 친근해지고 정이 들고 그렇게 되는 것이 통일이라고 말했다. 통일을 위해서라면 그리고 우리가 영영 선을 긋고 살아갈 것이 아니라면 익숙하지 않은 그 일들을 받아들이고 시작하는데 차분한 자세를 가져야 할 것이다.

그리고 아무리 심한 갈등이 있을지언정 그 어떤 지점에서는 남북한 모두가 국민들 다수의 동의를 얻고 손을 잡을 수 있는 교집합이 있다고 생각한다. 우리는 같은 민족이기 때문에 없을 리가 없다고 확신한다. 남북한이 그러한 교집합적인 부분을 찾고 현명하게 통일의 실마리를 찾았으면 한다.

끝으로 이 책을 만들 수 있게 무한한 신뢰와 지지를 준 사랑하는 우리 가족들 그리고 평양에서 사계절 내내 성의있게 노력해주신 김미향 지도원께 가장 깊은 감사인사를 전한다.